应对气候变化全民行动指南

# 呵护蓝天

## 大气污染防治科普宣传指南

冷罗生◎编著　冷　韬◎绘画

王柏兴◎顾问

中利腾晖光伏科技有限公司 组织编写

### 图书在版编目（CIP）数据

呵护蓝天：大气污染防治科普宣传指南 / 冷罗生编著；中利腾晖光伏科技有限公司组织编写． -- 北京：气象出版社，2016.12

（应对气候变化全民行动指南）

ISBN 978-7-5029-6481-8

Ⅰ.①呵… Ⅱ.①冷… ②中… Ⅲ.①空气污染 — 污染防治 — 指南 Ⅳ.①X51-62

中国版本图书馆CIP数据核字（2016）第279047号

---

出版发行：气象出版社

地　　址：北京市海淀区中关村南大街46号　邮政编码：100081

电　　话：010-68407112（总编室）010-68406961（发行部）

网　　址：www.qxcbs.com　　　　　E-mail：qxcbs@cma.gov.cn

责任编辑：刘　畅　彭淑凡　　　　　终　　审：邵俊年

封面设计：北京八度出版服务机构　　责任技编：赵相宁

版式设计：北京八度出版服务机构

印　　刷：北京地大天成印务有限公司

开　　本：889毫米×1194毫米　1/32

字　　数：50千字　　　　　　　　　印　　张：2

版　　次：2016年11月第1版　　　　印　　次：2016年11月第1次印刷

定　　价：15.00元

---

本书如存在文字不清、漏印以及缺页、删页等，请与本社发行部联系调换。

# CONTENTS  目 录

## I 蓝天去哪儿了？

1. 蓝天与空气质量 / 2
2. 颗粒物污染 / 3
3. 烟尘 / 4
4. $PM_{2.5}$ / 5
5. 光化学烟雾 / 6
6. 大气污染与人体健康 / 7
7. 空气质量指数与户外活动 / 8
8. 大气污染与气候变化 / 9
9. 气象与大气污染 / 10
10. 防治污染，依法可行 / 11

# CONTENTS

## Ⅱ 保卫清洁空气

11. 联防联控 / 13

12. 源头治理 / 14

13. 四招齐发治理污染 / 15

14. 拒不接受监督检查，违法！ / 16

15. 阻碍环保执法，犯罪！ / 17

16. 企业超标排污严重，关闭！ / 18

17. 公司拒不整改，按日计罚！ / 19

18. 污染防治设施未投运，停产整治！ / 20

19. 煤矿有毒有害物质超标，停采！ / 21

20. 露天焚烧秸秆，罚款！ / 22

21. 特定区域内露天烧烤，抵制！ / 23

22. 人口集中地区喷洒剧毒农药，禁止！ / 24

23. 在禁止时段和区域内燃放烟花爆竹，处罚！ / 25

24. 油质未达标，重罚！ / 26

# 目 录

25. 车企排放造假，停产！/ 27
26. 船舶排污，划区控排！/ 28
27. 车辆排放，遥感监测！/ 29
28. 总量控制，强化责任 / 30
29. 信息公开，奖励举报 / 31
30. 公众参与，大有作为 / 32

## Ⅲ 绿色低碳生活

31. 低碳生活 / 34
32. 极简生活 / 35
33. 采取光盘行动 / 36
34. 提倡素食主义 / 37
35. 适量饮酒 / 38
36. 减少吸烟 / 39
37. 环保居住 / 40
38. 多种绿植 / 41
39. 空调温度要合适 / 42

40. 合理使用电视机 / 43

41. 合理使用办公设备 / 44

42. 随时记得关电源 / 45

43. 省水有妙招 / 46

44. 省气有诀窍 / 47

45. 巧用微波炉 / 48

46. 做饭也环保 / 49

47. 低碳旅游 / 50

48. 乘坐公交 / 51

49. 出门多骑自行车 / 52

50. 买车就买环保车 / 53

51. 巧驾车多省油 / 54

52. 推广使用新能源 / 55

53. 倡导适度包装 / 56

54. 购物使用环保袋 / 57

55. 变废为宝 / 58

# I 蓝天去哪儿了？

# 1. 蓝天与空气质量

蓝天，即地球的大气层，正常情况下呈现蓝色。当太阳光通过大气时，波长较短的紫、蓝、青色光最容易被散射；而波长较长的红、橙、黄色光散射得较弱，由于这种综合效应，天空呈现出蔚蓝色。

依据空气质量指数得出的"蓝天"，并非感官意义上的蓝色天空。即使天空看起来不蓝，甚至是在下雨，但空气质量不错，仍然可认定为"蓝天"。空气质量的好坏取决于空气的污染程度，它是依据空气中污染物浓度的高低来判断的。

空气中的污染物主要有：烟尘、总悬浮颗粒物、可吸入颗粒物（$PM_{10}$）、细颗粒物（$PM_{2.5}$）、二氧化氮、二氧化硫、一氧化碳、臭氧、挥发性有机化合物等。

## 2. 颗粒物污染

颗粒物，又称尘，是指大气中的固体或液体颗粒状物质。颗粒物可分为一次颗粒物和二次颗粒物。一次颗粒物是由天然污染源和人为污染源释放到大气中直接造成污染的颗粒物，如燃烧烟尘等。二次颗粒物是由大气中某些污染气体组分（如二氧化硫、氮氧化物、碳氢化合物等）之间，或这些组分与大气中的正常组分（如氧气）之间通过各种化学反应转化生成的颗粒物，如二氧化硫转化生成硫酸盐。

悬浮在空气中的固体或液体颗粒物，不论长期或短期存在，都会对生物和公众健康造成危害，我们将之称为颗粒物污染。

## 3. 烟尘

烟尘属于颗粒状污染物，按粒径大小又可分为降尘和飘尘。降尘的粒径大于10微米，靠重力能自然降落，单位面积的降尘量可作为评价大气污染程度的指标。飘尘的粒径小于10微米，粒小体轻，能长期在大气中飘浮，飘浮的范围从几千米到几十千米。因此，它会在大气中不断蓄积，使污染程度逐渐加重。

飘尘具有吸湿性，容易吸收大气中的水分，形成表面具有很强吸附性的凝聚核，能吸附各种有毒有害物质。有些飘尘颗粒表面还具有催化作用，往往增大其毒性。因此，环境监测和卫生部门把它作为评价大气污染对健康影响的重要指标。

PART 1　蓝天去哪儿了?

## 4. PM$_{2.5}$

PM$_{2.5}$是指粒径小于或等于2.5微米的颗粒物。它能较长时间悬浮于空气中，其在空气中质量浓度越高，就代表空气污染越严重。与较粗的大气颗粒物相比，PM$_{2.5}$粒径小、面积大、活性强，易附带有毒、有害物质，且在大气中的停留时间长、输送距离远，因而对人体健康和大气环境质量的影响更大。PM$_{2.5}$被人体吸入后，可以通过支气管和肺泡进入血液，危害人体健康。

包括PM$_{2.5}$在内的大气颗粒物大量悬浮在空气中，使空气浑浊，水平能见度降低到10千米以下，就会出现霾这种天气现象。

## 5. 光化学烟雾

光化学烟雾是汽车、工厂等污染源排入大气的碳氢化合物（HC）和氮氧化物（$NO_x$）等一次污染物在紫外线作用下发生化学反应，生成高浓度臭氧、过氧乙酰硝酸酯、醛等二次污染物，形成一次污染物与二次污染物共存的有害浅蓝色烟雾。其多发生在阳光强烈的夏秋季节，会造成严重的大气污染，并且大大降低能见度，影响出行。

1950年以来，光化学烟雾污染事件在美国洛杉矶等大城市和世界各地相继出现，如日本、加拿大、澳大利亚、荷兰等国的一些大城市也都发生过。

2015年夏天，北京、沈阳、西安等多个城市的臭氧替代$PM_{2.5}$，成为首要空气污染物。

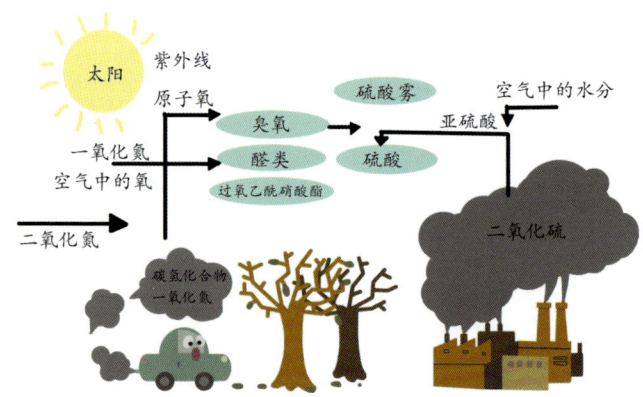

## 6. 大气污染与人体健康

人类生活在大气环境中，无时不受到它的影响，大气的正常成分是保持人体正常机能和健康的必要条件。从目前所掌握的资料分析，人类多种疾病的诱发都与大气污染密切相关。

现在，大气污染已引起全世界范围的高度关注，保护环境已成为人类的一项重要事业。爱护大气环境，就是爱护人类自己。

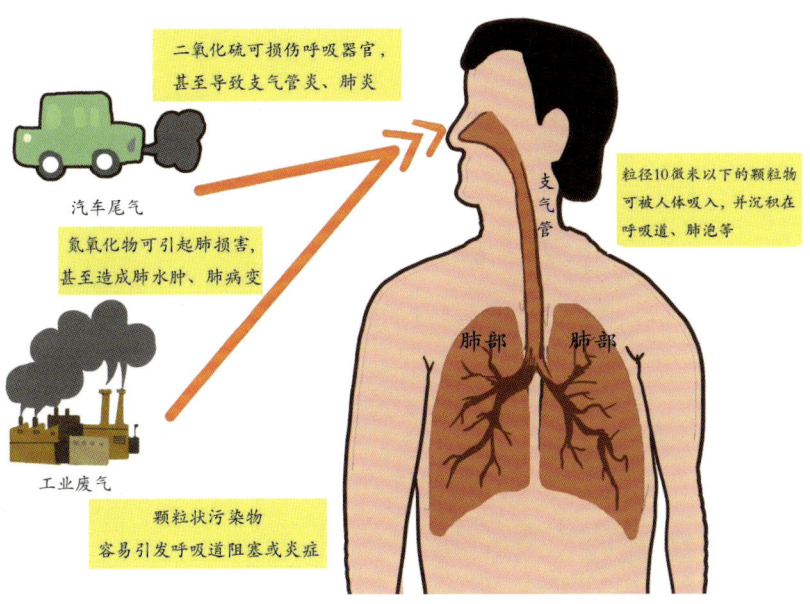

## 7. 空气质量指数与户外活动

空气质量指数（AQI）是定量描述空气质量状况的无量纲指数。目前，参与空气质量评价的主要污染物有细颗粒物（$PM_{2.5}$）、可吸入颗粒物（$PM_{10}$）、二氧化硫、二氧化氮、臭氧、一氧化碳等六项。

2012年，环境保护部与国家质量监督检验检疫总局联合发布了《环境空气质量标准》（GB 3095—2012）和《环境空气质量指数（AQI）技术规定》（HJ 633—2012），空气质量按照空气质量指数大小分为六级。在不同的空气质量指数下，不同的公众可以进行相应的户外活动，尤其是在重度污染和严重污染时，老、少、病人应该停止户外活动。

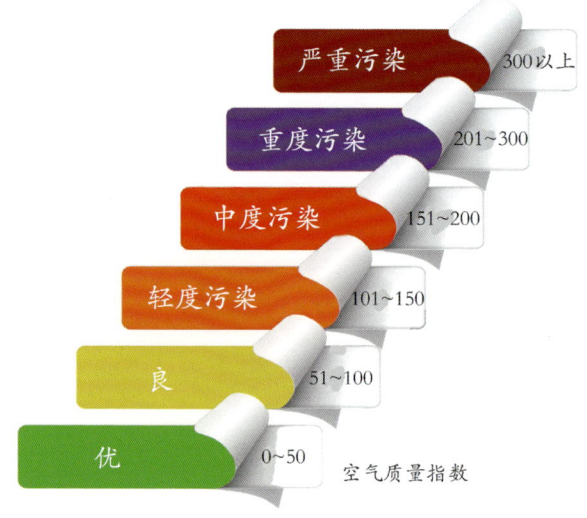

## 8. 大气污染与气候变化

近年来，人们逐渐注意到大气污染对全球气候变化的影响问题。从地球上无数烟囱和其他废气管道排放到大气中的$CO_2$，约有50%留在大气里。$CO_2$能吸收来自地面的长波辐射，使近地面气温升高，这叫作"温室效应"。经粗略估算，如果大气中$CO_2$含量增加25%，近地面气温可以升高0.5～2℃；如果增加100%，近地面温度可以升高1.5～6℃，照现在的速度增加下去，若干年后就会使得南北极的冰熔化，导致全球的气候异常。

另外，大气污染物质中的$PM_{2.5}$对整体气候也有不好的影响。$PM_{2.5}$能影响成云和降雨过程，间接影响着气候变化。

## 9. 气象与大气污染

气象是影响大气污染的不容忽视的重要因素，它通过气象要素（空气运动、逆温、混合层高度）的不同条件，独立地或共同地影响着大气污染。

气象条件中的风对污染物的传输与扩散有两个作用：一是整体的输送作用，二是冲淡稀释作用。风向决定污染物迁移运动的方向，风速决定污染物的迁移速度。一般来说，大气中污染物浓度与风速成负相关。

在一些特殊的天气条件下，一个地区排放的污染物可能随着上升气流进入高空，并在高空中随着气团较快地传输，结果可能会在距离污染源很远的地方又随着下沉气团降到地表附近，导致了区域间的污染物传输。如新疆出现沙尘暴，北京就有可能出现扬沙或浮尘天气，这是由污染物在大气中的输送造成的区域性污染。

大气的状态在很大程度上影响污染物的时空分布，世界上一些著名的空气污染事件都是在特定气象条件下发生的。

蓝天去哪儿了?

## 10. 防治污染,依法可行

　　大气污染不仅仅是一个环境问题,更关系到经济发展、社会稳定,关系方方面面,是生态文明建设中一个只能解决好、必须解决好的大问题。

　　防治大气污染是一项复杂的系统工程,要打赢这场硬仗,单靠行政手段不行,必须强化法律约束,将污染治理制度化、常态化、法治化,用制度保护生态环境。新《大气污染防治法》从一般性处罚到按日计罚等,光法律责任条款就有30条,从法律层面规定了大量具体的有针对性的措施,并规定了具体的处罚行为和种类接近90种。其对违法排污企业的处罚力度前所未有,是做好大气污染防治的总纲。

　　新《大气污染防治法》自2016年1月1日开始实施,我们应以其为准绳,杜绝各种污染大气环境的违法行为。

## II 保卫清洁空气

PART 2
Ⅱ  保卫清洁空气

## 11. 联防联控

2014年2月19—26日，我国发生大范围持续严重空气污染，持续时间长达7天，涉及北京、天津、河北等15个省（区、市）。

同在一片天空下，面对严重的大气污染，任何一个人、任何一个地区都不可能独善其身。自2013年以来，京津冀、长三角、珠三角分别建立了区域大气污染防治协作机制，在目标措施制定、重污染天气共同应对等方面开展了有益尝试，并取得了积极成效。新《大气污染防治法》明确规定由国家建立重点区域大气污染联防联控机制，统筹协调区域内大气污染防治工作，对大气污染防治工作实施统一规划、统一标准，协同控制目标。这意味着我国大气污染治理模式发生改变，将由过去属地管理向区域联防联控转变，由单打独斗向齐心协力、群策群力转变。进而言之，区域联防联控机制将成为我国重点区域大气污染防治的新常态。

13

## 12. 源头治理

大气污染防治如何展开？溯本逐源，从源头控制污染物的排放，再加上末端的综合治理，才是大气污染防治的治本之策。

针对长期以来机动车尾气污染治理成效不明显、煤炭消费量居高不下的治理困局，新《大气污染防治法》从源头上规定了解决机动车大气污染问题的对策：一是制定燃油质量标准，应当符合国家大气污染物控制要求；二是石油炼制企业应当按照燃油质量标准生产燃油。另外，为了加强对行驶中的机动车尾气排放监管，该法还规定，在不影响正常通行的情况下，可以通过遥感监测等技术手段对行驶的机动车的排放状况进行监督抽测，公安机关交通管理部门予以配合。

为了控制煤炭消费总量，减少燃煤大气污染，该法还规定，国务院有关部门和地方各级人民政府应当采取措施，推广清洁能源的生产和使用，逐步降低煤炭在一次能源消费中的比重，同时要求地方各级人民政府加强民用散煤的管理，禁止销售不符合民用散煤质量标准的煤炭。

PART 2
II  保卫清洁空气

# 13. 四招齐发治理污染

减少或消除雾霾天气,从根本上说,就是要大幅削减主要污染物排放。我国巨大的污染物排放量,减排绝非一朝一夕之事,单一减排手段也很难奏效,必须要在国家层面上采取强有力的综合措施,方有成功的可能。2013年6月,国务院推出了十项大气污染防治措施。在回答媒体"国家将采取什么措施彻底治理雾霾"的提问时,国家发展和改革委员会主任徐绍史表示,"压煤、上气、控车、监管"四招齐发,就能治理雾霾。

15

## 14. 拒不接受监督检查,违法!

在大气环境执法中,现场检查可以督促排污企事业单位和其他生产经营者依照有关环境保护法律的规定,采取措施积极防治大气污染;促使排污企事业单位和其他生产经营者加强管理,减少污染物排放,消除污染事故隐患,及时发现和处理环境保护问题等。

新《大气污染防治法》细化了《环境保护法》确立的现场检查制度,明确规定:以拒绝进入现场等方式拒不接受环境保护主管部门及其委托的环境监察机构或者其他负有大气环境保护监督管理职责的部门的监督检查,或者在接受监督检查时弄虚作假的,由县级以上人民政府环境保护主管部门或者其他负有大气环境保护监督管理职责的部门责令改正,处2万元以上20万元以下的罚款;构成违反治安管理行为的,由公安机关依法予以处罚。

## 15. 阻碍环保执法，犯罪！

2015年9月9日下午2时30分左右，山东省济南市大气污染防治督查组和媒体记者共7人前往市中区陡沟办事处大庙屯附近一处渣土场检查扬尘污染问题，被不明人员抢夺摄像设备，4名环保局执法人员被打伤。其中一名执法人员鼻骨末端骨折。日前经过当地公安机关的紧张调查，涉案的10名嫌疑人已经全部抓获。

依照新《大气污染防治法》规定，对建设施工和运输的管理，建筑土方、工程渣土、建筑垃圾的清运、堆存、洒水抑尘等加强管理、检查、监督等，是政府环境保护主管部门的职责所在。负有大气环境保护监督管理职责的济南市大气污染防治督查组到渣土场现场检查，是依法行政。

"渣土场不明人员"暴力抗法，阻碍国家机关工作人员依法执行职务，其行为涉嫌触犯《中华人民共和国刑法》第二百七十七条规定的妨碍执行公务罪。另外，抗法者抢夺摄像设备、打伤环保局执法人员，还有可能涉嫌故意伤害罪、抢劫罪等罪名。

## 16. 企业超标排污严重，关闭！

对于一些严重违法的大气排污行为，特别是在较长一段期限内打着治理的名义继续违法排放大气污染物，存在一定的不合理性，应当避免。另外，随着经济社会的发展，环境保护意识的增强，环境法律法规制度的完善，环境管理的手段从单一走向多元，从末端控制走向事前预防，应当通过环境影响评价、排污许可、责令改正、按日计罚等多种手段综合惩治环境违法行为，迫使企业自行治理。在治理期间不得超标超总量排污。

新《大气污染防治法》，着重考虑了下列三种行为：一是未依法取得排污许可证排放大气污染物的；二是超过大气污染物排放标准或者超过重点大气污染物排放总量控制指标排放大气污染物的；三是通过逃避监管的方式排放大气污染物的。只要有上述行为之一的，县级以上人民政府环境保护主管部门就可以责令其改正或者限制生产、停产整治，并处10万元以上100万元以下的罚款；情节严重的，报经有批准权的人民政府批准，责令停业、关闭。

保卫清洁空气

## 17. 公司拒不整改，按日计罚！

2015年4月，环保部执法监察局负责人透露：中石油吉林石化分公司因超标排放大气污染物，被吉林省吉林市环保局按日连续处罚78万元。尽管环保部门没有通报吉林石化分公司环境违法的具体细节，但从按日计罚的三个适用条件来看，吉林石化分公司至少有拒不整改、连续违法的行为。

新《环境保护法》和《大气污染防治法》均规定了按日连续处罚制度。不过，实施按日计罚的根本目的不是罚款，而是督促企业改正违法行为。

实施按日计罚有其严格的适用条件，不得滥用。其适用条件为：第一，企业事业单位和其他生产经营者有下列四种行为之一的，一是未依法取得排污许可证排放大气污染物的；二是超过大气污染物排放标准或者超过重点大气污染物排放总量控制指标排放大气污染物的；三是通过逃避监管的方式排放大气污染物的；四是建筑施工或者贮存易产生扬尘的物料未采取有效措施防治扬尘污染的。第二，企业事业单位和其他生产经营者受到了罚款处罚。第三，企业事业单位和其他生产经营者被责令改正，拒不改正。第四，依法作出处罚决定的行政机关可以自责令改正之日的次日起，按照原处罚数额按日连续处罚。

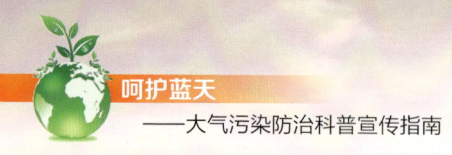

## 18. 污染防治设施未投运,停产整治!

在环保部通报的2015年上半年典型环境违法案件中,云南云翔玻璃有限公司位列其中。该公司在未办理环评审批手续的情况下,擅自将平板玻璃生产线燃料由焦炉煤气改为高硫石油焦和重油,外排烟气中二氧化硫和氮氧化物严重超标;2014年全年脱硫设施未投运,外排烟气中二氧化硫和氮氧化物超标,且拒不执行马龙县环保局2014年9月下达的限期治理决定。云南省环境监察总队对该公司环境违法行为处以10万元罚款,追缴排污费77.8457万元,并实施了停产和限产措施。

新《大气污染防治法》针对产生含挥发性有机物废气的生产和服务活动,要求其在密闭空间或者设备中进行,并按照规定安装、使用污染防治设施;无法密闭的,应当采取措施减少废气排放。未按照规定安装、使用污染防治设施,或者未采取减少废气排放措施的,由县级以上人民政府环境保护主管部门责令改正,处2万元以上20万元以下的罚款;拒不改正的,责令停产整治。

## 19. 煤矿有毒有害物质超标，停采！

煤炭是我国能源结构的重要组成部分。目前，我国城市能源消耗仍然是以煤炭为主。这种能源结构决定了我国的大气污染以煤烟型为主。在能源结构短期内无法根本改变的情况下，除了推行煤炭的清洁利用、限制对高硫煤的开采外，还必须对环境污染可能造成极大影响的、含放射性和砷等有毒有害物质超过规定标准的煤矿禁止开采。

含放射性物质的煤矿，比如含铀、砷的矿石，对大气、水体和土壤都可能造成污染，进而危害人体健康。如果煤矿中这些物质的含量超过了规定的标准，国家禁止开采。县级以上人民政府按照国务院规定的权限，对违规开采的企业，可责令停业、关闭。

## 20. 露天焚烧秸秆，罚款！

近年来，通过气象卫星和环境卫星同时监控，发现每年夏收和秋冬之际，农村地区大量焚烧秸秆，不仅污染空气环境，危害公众健康，还可能引发火灾，威胁公众的生命财产安全，同时还会破坏土壤结构，造成耕地质量下降。因此，无论是从环境保护角度还是资源再利用角度来说，禁止焚烧秸秆，实施秸秆还田是一种既环保又经济的好做法。

新《大气污染防治法》充分考虑了上述问题，要求各级人民政府及其农业行政等有关部门鼓励和支持采用先进适用技术，对秸秆、落叶等进行肥料化、饲料化等综合利用，加大对秸秆还田等的财政补贴力度。还规定：地方人民政府应当划定区域，禁止露天焚烧秸秆、落叶等产生烟尘污染的物质。对违反本法规定，露天焚烧秸秆、落叶等产生烟尘污染物质的单位或个人，由县级以上地方人民政府确定的监督管理部门责令改正，并可以处500元以上2000元以下的罚款。

PART 2
II 保卫清洁空气

## 21. 特定区域内露天烧烤，抵制！

户外郊游，夏夜纳凉，来串烧烤，就瓶啤酒，感觉真是悠闲又自在。不过，露天烧烤，危害诸多。① 污染环境，露天烧烤会产生大量的煤烟、煤渣、煤灰，对空气产生严重污染。同时，烧烤过程中产生的油脂、煤灰污染地面，影响市容市貌。② 安全隐患，露天烧烤或多或少会占据人行道或绿地，严重影响行人通行和交通畅通。③ 卫生问题，露天烧烤菜品的清洗条件差、质量没保证，而且从业人员几乎不办理健康证。④ 有害健康，烧烤中有致癌物质，对人体有不良的影响。

新《大气污染防治法》规定：任何单位和个人不得在当地人民政府禁止的区域内露天烧烤食品或者为露天烧烤食品提供场地。对违反此规定的单位和个人，县级以上地方人民政府确定的监督管理部门应该责令其改正，没收烧烤工具和违法所得，并处500元以上2万元以下的罚款。

## 22. 人口集中地区喷洒剧毒农药，禁止！

喷洒农药治理害虫是生产、生活或者城市管理的合理需要，但使用这些往往含有剧毒的农药并非一般的民事行为，其行为具有特定性。除了根据民法原理，喷洒人应当履行一些特定的义务（如喷洒农药前，应对周围居住人员、单位尽提前告知义务；农药喷洒后，要在醒目位置挂牌提醒等）以外，还必须严格遵守环境保护法律的相关规定。

为了把农药对环境和对公众的健康影响降到最低，新《大气污染防治法》对人口集中地区的农药使用进行了严格规定：农业生产经营者应当改进施肥方式，科学合理施用化肥并按照国家有关规定使用农药，减少氨、挥发性有机物等大气污染物的排放。禁止在人口集中地区对树木、花草喷洒剧毒、高毒农药。对违反此规定的单位或个人，在人口集中地区对树木、花草喷洒了剧毒、高毒农药的行为，县级以上地方人民政府确定的监督管理部门应当责令其改正，并可以处500元以上2000元以下的罚款。

**PART 2**
**Ⅱ**  保卫清洁空气

## 23. 在禁止时段和区域内燃放烟花爆竹，处罚！

燃放烟花爆竹作为华夏民族几千年延续下来的传统习俗，与贴春联、扭秧歌、包饺子、吃汤圆一样，成为每一个中国人记忆里最生动的生活场景和温暖细节。不过，在一声声震耳欲聋的烟花爆竹巨响后面，存在许多危害。① 烟花爆竹产生的二氧化碳、金属颗粒物等物质会造成大气污染指数严重超标；② 一些大型鞭炮和大型礼花会发出巨大的噪音，会损害公众的身心健康；③ 燃放烟花爆竹也会造成人力、财力、物力的巨大浪费；④ 燃放烟花爆竹还可能造成人员伤亡及财产损失等。

如何兼顾民族传统，又不无节制地燃放烟花爆竹？新《大气污染防治法》支了一个妙招，那就是：任何单位和个人不得在人民政府禁止的时段和区域内燃放烟花爆竹。违反此规定，由县级以上地方人民政府规定的监督管理部门依法予以处罚。

## 24. 油质未达标，重罚！

燃油品质直接关系到机动车尾气排放。长期以来，我国的燃油质量标准落后于机动车排放标准，无论是国四标准，还是国五标准，部分环境保护指标如烯烃和芳烃的含量均定得过高，成为导致机动车尾气污染城市大气的重要原因之一。

油品标准的升级，可实现全部在用机动车排放净化系统效率的进一步提升，保证达到相应阶段排放标准的机动车达标排放，在成品油储运过程中各个环节减少挥发性有机物等有害气体的排放。并且，石油炼制企业应当按照燃油质量标准生产燃油，确保燃油质量达标。

新《大气污染防治法》规定：制定燃油质量标准，应当符合国家大气污染物控制要求，并与国家机动车船、非道路移动机械大气污染物排放标准相互衔接，同步实施。对于生产、销售不符合标准的机动车船和非道路移动机械用燃料、发动机油、氮氧化物还原剂、燃料和润滑油添加剂以及其他添加剂的，《大气污染防治法》规定：由县级以上地方人民政府质量监督、工商行政管理部门按照职责责令改正，没收原材料、产品和违法所得，并处货值金额一倍以上三倍以下的罚款。

PART 2
II
保卫清洁空气

## 25. 车企排放造假，停产！

长期以来，机动车排放问题是否为产品质量问题、是否由环保部门"依法行使监督管理权"都无定论，致使我国多年来对车企制假售假或销售超标车辆鲜有处罚案例，且近年质监部门两次制定和修订《汽车召回管理条例》均无"环保召回"内容，难以约束车企排放制假售假。

新《大气污染防治法》赋予了环保部门单独进行现场检查、抽样检测的权力。规定省级以上政府环保主管部门可以通过现场检查、抽样检测等方式，加强对新生产、销售机动车和非道路移动机械大气污染物排放状况的监督检查。工业和信息化、质量监督、工商行政管理等有关部门予以配合。这种将相关监管职权赋予环境行政主管部门的规定，有利于从源头严格管理车企，形成震慑。

对于造假车企，新《大气污染防治法》规定，机动车、非道路移动机械生产企业对发动机、污染控制装置弄虚作假、以次充好，冒充排放检验合格产品出厂销售的，由省级以上人民政府环境保护主管部门责令停产整治，没收违法所得，并处货值金额一倍以上三倍以下的罚款，没收销毁无法达到污染物排放标准的机动车、非道路移动机械，并由国务院机动车生产主管部门责令停止生产该车型。

## 26. 船舶排污，划区控排！

长期以来，沿海港口城市大气污染严重，船舶排放的污染物是重要来源，尤其是远洋运输船舶，使用的燃料主要是含硫量高的重油，污染大。

为此，新《大气污染防治法》规定内河和江海直达船舶应当使用符合标准的普通柴油。远洋船舶靠港后应当使用符合大气污染物控制要求的船舶用燃油。对使用不符合标准或者要求的船舶用燃油的，由海事管理机构、渔业主管部门按照职责处一万元以上十万元以下的罚款。

该法还规定：国务院交通运输主管部门可以在沿海海域划定船舶大气污染物排放控制区，进入排放控制区的船舶应当符合船舶相关排放要求。

除上述规定之外，该法还将船舶和港口的施工机械纳入管理，规定船舶检验机构对船舶发动机及有关设备进行排放检验。经检验符合国家排放标准的，船舶方可运营。新建码头应当规划、设计和建设岸基供电设施；已建成的码头应当逐步实施岸基供电设施改造。船舶靠港后应当优先使用岸电。这样的规定有利于对船舶排放控制进行技术提升，切实提高船舶排放标准，降低港口船舶污染。

PART 2 Ⅱ 保卫清洁空气

## 27.车辆排放，遥感监测！

采用激光遥感监测技术检测机动车排放，已在很多发达国家和地区应用。遥感监测是通过遥感设备发出的部分红外光和紫外光照射机动车尾气，对尾气中不同物质的吸收光谱进行分析，检测出一氧化碳、

实施遥感监测

二氧化碳、碳氢化合物、氮氧化物的浓度。这种技术具有检测速度快、效率高、监测范围广、节省人力等特点。遥感监测有助于填补对上路行驶的机动车的监管空白，提高环保执法检查的科技含量。

实施遥感监测后，监测数据将自动进入数据库，对于监测超标的车辆，将通过发送短信、书面信件等方式通知车主进行检修。同时，通过对大量监测数据的分析，也可筛选出排放水平较高的机动车类型，便于加强对车辆尾气的治理。

新《大气污染防治法》规定，县级以上地方人民政府环境保护主管部门可以在机动车集中停放地、维修地对在用机动车的大气污染物排放状况进行监督抽测；在不影响正常通行的情况下，可以通过遥感监测等技术手段对在道路上行驶的机动车的大气污染物排放状况进行监督抽测，公安机关交通管理部门予以配合。

呵护蓝天
——大气污染防治科普宣传指南

## 28. 总量控制,强化责任

污染物总量减排,是环境质量改善的前提和重要手段。但根据老版《大气污染防治法》,我国实行总量控制的"两控区"——酸雨控制区和二氧化硫控制区,仅占全国国土面积的11.4%,不能适应全国总量减排的需要。

新《大气污染防治法》将排放总量控制和排污许可由"两控区"扩展到全国,明确分配总量指标,对超总量和未完成达标任务的地区实行区域限批,并约谈政府部门主要负责人。

法律还进一步强化对地方政府的考核和监督,规定地方各级人民政府应当对本行政区域的大气环境质量负责,国务院环保主管部门会同国务院有关部门,对省、自治区、直辖市大气环境质量改善目标、大气污染防治重点任务完成情况进行考核。对未达标城市要制定限期达标规划,向同级人大报告,进一步加强了对地方政府在环境保护、改善大气质量方面的责任。

PART 2 Ⅱ 保卫清洁空气

## 29. 信息公开，奖励举报

环境信息公开，是最有效的"防污剂"。新《大气污染防治法》通过更多的手段推动环境信息公开，让公众拥有知情权和监督权，有助于降低环境保护管理成本，提高环境保护管理实效。

为了保障公民参与和监督大气环境保护的权利，新《大气污染防治法》规定，环境保护主管部门和其他负有大气环境保护监督管理职责的部门应当公布举报电话、电子邮箱等，方便公众举报。环保主管部门和其他负有大气环保监管职责的部门接到举报后，应当及时处理并对举报人的相关信息予以保密；对实名举报的，应当反馈处理结果等情况，查证属实的，对举报人给予奖励。

此外，在保障公民依法享有获取大气环境信息的权利方面，法律还规定，大气环境质量标准、大气污染物排放标准应当供公众免费查阅、下载，重点排污单位名录应当向社会公布。

## 30. 公众参与，大有作为

人是万物的尺度，更是万事的尺度，要想空气清新、蓝天白云永驻天空，仅仅依靠政府以及生产责任单位是远远不够的，必须充分发挥公众参与治理的力量和优势！社会公众、普通市民在大气污染防治过程中大有可为。

公众参与，不仅体现在公众生产生活过程中对节能减排、防治污染的顺势而为，而且贯穿在整个防治政策的制定和执行过程中。大家应该积极行动起来，保护我们的蓝天！

# Ⅲ 绿色低碳生活

## 31. 低碳生活

"低碳",意指较低温室气体(二氧化碳为主)排放。低碳生活,就是低能量、低消耗的生活方式,对于普通人来说更是一种生活态度。简单理解,低碳生活就是返璞归真地去进行人与自然的活动。

低碳不仅是企业行为,也是一种符合时代潮流的生活习惯,是一种自然而然地去节约身边各种资源的习惯,如节电、节气、熄灯1小时、在停车3分钟以上时熄灭发动机等。

"便利"是现代商业营销和消费生活中流行的价值观。不少便利消费方式在不经意中浪费着巨大的能源。低碳生活则是戒除以高能耗为代价的"便利消费"嗜好。当然,低碳并不意味着就要刻意去节俭,刻意去放弃一些生活的享受,只要我们从生活的点点滴滴做起,多节约、不浪费,同样也能过上舒适的"低碳生活"。

## 32. 极简生活

"如无必要，勿增实体"，这是极简主义推崇的生活信条。

过过极简生活吧，它做起来并不复杂。我们可以做到：① 将看过的杂志、书，不再穿的衣服等送人或出售；② 将闲置不用的各种礼物或装饰品等出售或捐赠；③ 不囤积东西，不买不需要的物品；④ 确有必要的物品，买最好的，充分使用它；⑤ 使用一支好用的钢笔，替代堆积如山的签字笔；⑥ 用瓷杯、钢杯代替纸杯；⑦ 用电脑写东西，少用纸，养成纸质文件扫描、存档的习惯；⑧ 不重复购买电子产品，整合、精简电源线、充电设备；⑨ 精简出门行头，只带"身手钥纸钱"；⑩ 仅保留一张借记卡和一张信用卡等。

其实，实践极简生活的方法很多，关键是要行动起来。

## 33. 采取光盘行动

光盘行动究其实质就是倡导节约粮食，倡导在餐厅不多点、食堂不多打、厨房不多做。让我们养成生活中珍惜粮食、厉行节约、反对浪费的习惯。光盘行动要求不只是在餐厅吃饭打包，而是按需点菜，在食堂按需打饭，在家按需做饭。

珍惜粮食，节约粮食仍是我们需要遵守的传统美德之一。可是现在浪费粮食的现象较为严重。如果全国平均每人每年减少粮食浪费0.5千克，每年可节能约24.1万吨标准煤，减排二氧化碳64.1万吨。

## 34. 提倡素食主义

在高血脂、高血压威胁着人类健康的时候，素食成了人们崇尚的一种健康的生活方式。有许多证据显示，喜爱素食的人患心脏疾病的概率非常低；少吃肉食的人，血压会逐渐降低。对于喜爱吃肉的人们，科学家建议，最起码每天要摄取一些蔬果，对健康、智商都有巨大影响。因为大多数蔬菜水果中，不仅仅含有多种维生素，还含有很多碱性物质。这些碱性物质对改善大脑功能有一定的作用。

吃吃素食吧！素食不仅对于现代人，最切合实际的莫过于它在健康、美容方面的积极作用，而且它还对加剧全球气候变暖的二氧化碳有减排作用。如果全国平均每人每年减少鱼肉、猪肉消费1千克，每年可节能约70.6万吨标准煤，减排二氧化碳187.8万吨。

## 35. 适量饮酒

从人们的本意上说,饮酒是件愉快的事,都不希望喝醉,也不希望失态,因此在席间也往往推辞不已,但国人的习惯好像并不认可推辞。于是在半胁迫、半诱导中,醉酒的事情经常发生。

醉酒既破坏人们的心情,使喝醉的人身体遭罪,还容易酿成事故。如果适量饮酒,不仅能增进朋友之间的情谊,可以强身健体,还能促进节能减排。如果1个人1年少喝0.5千克白酒,可节能约0.4千克标准煤,相应减排二氧化碳1千克。如果全国2亿酒民平均每年少喝0.5千克白酒,每年可节能约8万吨标准煤,减排二氧化碳20万吨。

同理,人们适量饮用啤酒也能减排。如果在酷暑难耐的夏季平均每月少喝1瓶啤酒,1人1年可节能约0.23千克标准煤,相应减排二氧化碳0.6千克。从全国范围来看,每年可节能约29.7万吨标准煤,减排二氧化碳79万吨。

# 36. 减少吸烟

吸烟危害健康已是众所周知的事实。全世界每年因吸烟死亡达250万人之多,烟是人类第一杀手。自觉养成不吸烟的个人卫生习惯,不仅有益于健康,而且还能节约能源。

现代意义的卷烟产品,其制作大致要经过烟叶初烤、打叶复烤、烟叶发酵、卷烟配方、卷烟制丝、烟支制卷、卷烟包装七个大项的生产工艺流程,才能作为商品流转到消费者手中。卷烟生产的每一道工艺流程都要消耗一定的能源。1天少抽1支烟,每人每年可节能约0.14千克标准煤,相应减排二氧化碳0.37千克。如果全国3.5亿烟民都这么做,那么每年可节能约5万吨标准煤,减排二氧化碳13万吨。

## 37. 环保居住

目前，我国村镇住宅主要采用居民自建自住、手工砌筑、分散建设的模式，生产效率和工艺应用水平较低。城市住宅建设也同样以砖混结构、钢筋水泥为主要模式和材料，在建筑材料生产和房屋建造过程中容易产生大量的能耗和污染。

建造节能环保住宅，应该尽量做到：①减少装修铝材、钢材使用量；②减少装修木材使用量；③减少建筑陶瓷使用量；④使用节能砖。

住宅面积与低碳的关系也很密切。因为住房面积减少可以降低水电的用量，这在无形之中减少了碳排放，也节约了开支。

其实房子不用太大，住得安心，住得舒适，住得健康，才是最明智的选择。

PART 3 绿色低碳生活

## 38. 多种绿植

现代装修装饰材料给人们的生活带来便利和快捷的同时，由于其挥发的有毒有害物质造成的室内空气污染给人们的健康也带来不少危害。我们除了使用空气净化器之类的硬件设备外，还应该在家里多摆放一些绿色植物治理空气污染、增加情调，同时还能达到减排的作用。

如铁线蕨每小时能吸收大约20微克的甲醛，因此被认为是最有效的生物"净化器"；白掌抑制人体呼出的废气，如氨气和丙酮，同时它也可以过滤空气中的苯、三氯乙烯和甲醛；仙人掌和多肉植物白天为了控制水分流失而关闭气孔，等到晚上才打开气孔大量吸收二氧化碳；吊兰能在二十四小时释放出氧气，同时吸收空气中的甲醛、苯乙烯、一氧化碳、二氧化碳等致癌物质，还能分解苯，吸收香烟烟雾中的尼古丁等比较稳定的有害物质。

## 39. 空调温度要合适

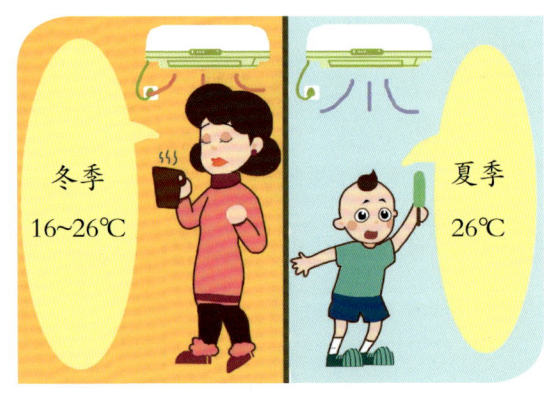

炎热的夏季,空调能带给人清凉的感觉。不过,空调是耗电量较大的电器,夏天设定的温度越低,消耗能源越多。其实,我们可以通过少穿衣服,适当调高空调温度,并不影响舒适度,还可以节能减排。如果每台空调在国家提倡的26℃基础上调高1℃,每年可节电22度,相应减排二氧化碳21千克。

寒冷的冬季,空调能带给人们温暖。不过,室内温度不要过热,尽量使室内外温差小于6℃,不仅有利于身体健康,也可避免空调超负荷工作。因此,冬季室内空调温度最好调到16～26℃,最佳温度是20℃。

我们要尽量选用节能型空调。一台节能空调比普通空调每小时少耗电0.24度,按全年使用100小时保守估计,可节电24度,相应减排二氧化碳23千克。另外,空调房间的温度并不会因为空调关闭而马上升高或降低。因此,建议大家出门前3分钟关闭空调。

## 40. 合理使用电视机

电视机是每家每户几乎必备的家电产品,由于使用次数和时间都较多,其耗电量也很可观。但是,我们只要合理使用电视机,不仅能减少耗电,还可以延长其使用寿命:

① 尽量少看电视。每天少开半小时,每台电视机每年可节电约20度,相应减排二氧化碳19.2千克。② 音量设置要适中。适中的音量设置,不仅能够达到省电节能以及较好音质的目的,还可以确保听觉健康,也不会干扰邻居。③ 电视屏幕亮度设置要适宜。将电视机的屏幕设置为中等亮度,既能达到较为舒适的视觉感受,还能省电。④ 开关机要得当。摁下遥控器关闭电视时,其实它仍然处于待机状态,一般待机耗电量为6~8瓦。只有拔下电源,才能彻底不耗电。

## 41. 合理使用办公设备

跨入21世纪，我国进入高科技发展的新时代，如何合理使用电脑、打印机这些办公设备，的确是低碳环保时代的人们需要注意的事情。

短暂不使用电脑时，以待机代替屏幕保护，每台台式机每年可省电6.3度，相应减排二氧化碳6千克；每台笔记本电脑每年可省电1.5度，相应减排二氧化碳1.4千克。

尽量使用液晶屏幕，液晶屏幕与传统CRT屏幕相比，大约节能50%，每台每年可节电约20度，相应减排二氧化碳19.2千克。

调低电脑屏幕亮度，每台台式机每年可省电约30度，相应减排二氧化碳29千克；每台笔记本电脑每年可省电约15度，相应减排二氧化碳14.6千克。

## 42. 随时记得关电源

电器设备停机时，其遥控开关、持续数字显示、唤醒等电路会保持通电，形成待机能耗，约占家庭用电量的10%。如果全国3.9亿户家庭都在用电后拔下插头，每年可节电约20.3亿度，相应减排二氧化碳197万吨。

据统计，饮水机每天真正使用的时间约9个小时，其他时间基本闲置，近三分之二的用电量因此被白白浪费掉。我们应该在饮水机闲置时关掉电源，每台每年节电约366度，相应减排二氧化碳351千克。如果对全国保有的约4000万台饮水机都采取这一措施，那么全国每年可节电约145亿度，减排二氧化碳1405万吨。

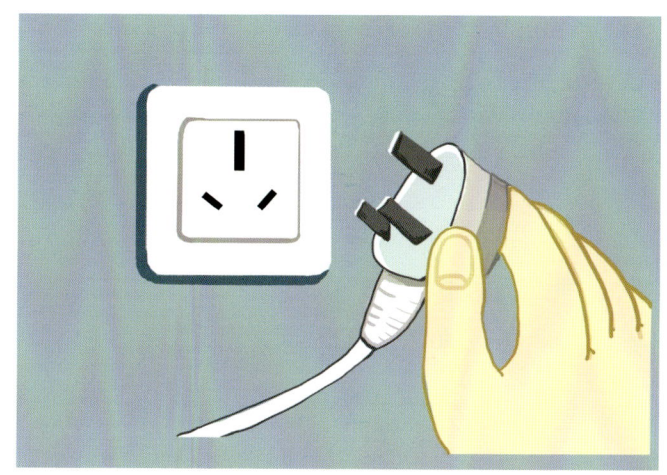

## 43. 省水有妙招

只要我们从点滴做起，节水大有可为。

用盆接水洗菜代替直接冲洗，每户每年约可节水1.64吨，同时减少等量污水排放，相应减排二氧化碳0.74千克。

盆浴是极其耗水的洗浴方式，如果用淋浴代替，每人每次可节水170升，同时减少等量的污水排放，可节能3.1千克标准煤，相应减排二氧化碳8.2千克。如果适当将淋浴温度调低1℃，每人每次淋浴可相应减排二氧化碳35克。洗澡时及时关闭来水开关，以减少不必要的浪费。这样，每人每次可相应减排二氧化碳98克。

一个没关紧的水龙头，在一个月内就能漏掉约2吨水，一年就漏掉24吨水，同时产生等量的污水排放。如果全国3.9亿户家庭用水时能杜绝这一现象，那么每年可节能340万吨标准煤，相应减排二氧化碳904万吨。

## 44. 省气有诀窍

使用高效节能的燃气设备是节约用气的重要一环。旋火灶比直火灶省3%~5%用气量，台式灶比嵌入灶省5%用气量。

此外，灶具位置应避开穿堂风，否则应加挡风圈，这样能保证火力集中，节约用气。用大火比用小火烹调时间短，虽然可以减少热量散失，但也不宜让火超出锅底，以免浪费燃气。

我们应该尽量做到：① 煮菜、烧水前，先擦干锅、壶外的水滴；② 能够煮的食物尽量不用蒸的方法烹饪；③ 炖煮时间长的要盖上锅盖；④ 不易煮烂的食品用高压锅；⑤ 加热熟食用微波炉；⑥ 做饭时，应先把要做的食物准备好再点火，避免烧"空灶"；⑦ 烧汤、炖东西，先用大火烧开，煮沸后再用小火，关小火只要保持锅内滚开而又不溢出就行，但人离开时必须关火。

## 45. 巧用微波炉

使用微波炉，一定要掌握好其使用技巧，不然，其耗电量是相当可观的。

我们应该做到：① 使用较小容器做菜或热饭，可在转盘的上面同时放置2～3个容器；② 选择适当的档位烹调不同的食物；③ 一次性烹调一盘菜肴时其重量不超过0.5千克；④ 注意保持微波炉侧面导波板的清洁；⑤ 加热食物时喷洒适量水分并覆盖上一层微波炉专用保鲜膜。

一次多热几道菜

PART 3 Ⅲ 绿色低碳生活

## 46. 做饭也环保

低碳节能并非高深的学问,只要用心,人人可为!

例如我们每天都要做饭,在做饭过程中也能节能:① 选择节能电饭锅,或者传热性能好的厨具,节能电饭锅要比普通电饭锅省电约20%;② 煮饭提前淘米,并浸泡10分钟,之后再用电饭锅煮饭,可大大缩短米熟的时间,节电约10%;③ 尽量避免抽油烟机空转;④ 用微波炉代替煤气灶加热食物,微波炉比煤气灶的能源利用效率高,如果我国5%的烹饪工作用微波炉进行,那么与用煤气灶相比,每年可节能约60万吨标准煤,相应减排二氧化碳159.6万吨。

## 47. 低碳旅游

去过欧美国家或港澳台地区旅游的朋友都知道，出行前旅行社都会温馨提示游客带上牙刷、牙膏、拖鞋等物品，因为境外很多酒店并不提供。不是因为境外的酒店档次太低，连这些基本的东西都没配备，而是出于环保的目的才这样做。

不仅仅是国外有这样的规定，其实国内也有许多的自然保护区、风景名胜区和森林公园也出现了此类规定，如九寨沟等地，也有许多不提供一次性用品的酒店。除此之外，景区内还禁止机动车进入，改以电瓶车代替，以减少二氧化碳排放量。

只要我们稍稍改变一下习惯，旅游时带上牙刷、牙膏、拖鞋等物品，在汽车后备厢中放上一辆折叠自行车，开车至郊外后，改骑自行车或徒步，去体验自然风光、回归自然的同时，也能切实为低碳减排做出贡献。

## 48. 乘坐公交

我们上下班时，应尽量多乘坐公共交通工具，减少驾驶私家车；出门购物时，要有购物计划，尽可能把想要购买的东西一次购足，不要来回跑，同时尽可能选用公共交通，尽量少开车。

众所周知，交通产生的二氧化碳占温室气体排放总量的30%以上，减少此类排放量的最好办法之一是：乘坐公交车。据资料显示：每月少开一天私家车，每车每年可减排二氧化碳98千克，如果出行选择公共交通工具或自行车，二氧化碳排放量将会更少。

## 49. 出门多骑自行车

车辆拥挤、道路堵塞、交通不畅带来的出行难，以及众多车辆的尾气排放，已成为我国城市"难以承受之重"。

破解这一难题的方法之一，就是提倡骑自行车出行。这既是低碳出行的明智之举，又是建设生态城市的大势所趋，同时还能强身健体。运动专家指出，骑自行车出行，随踏蹬动作的速度和地势的起伏，能有效地预防大脑老化、提高心肺功能，还能锻炼内脏的耐力。

另外，据测算，小汽车每行驶20公里碳排放量近1.54千克，以每天有5000辆自行车代替轿车出行来计算，一天可减少碳排放量7700千克，一年就可减少碳排放量2810吨。

PART 3
Ⅲ 绿色低碳生活

## 50. 买车就买环保车

如果您生活在公共交通不发达的地区，骑自行车出行耗时太多，不得已要驾车出行，那么，建议您购买并使用新能源汽车。

新能源汽车是指动力由汽油或柴油等矿物质以外的清洁能源提供，达到零排放的汽车。如电动汽车、太阳能汽车、天然气动力车等。推广应用新能源汽车是发展绿色交通、建设生态文明的客观需要，是实现交通运输行业绿色循环低碳发展、积极防治大气污染、实现转型升级的重要措施。

尽管目前新能源汽车还存在着成本高、配套设施不健全、电池技术的安全性能不稳定等诸多问题，在短时间内想让普通消费者接受并非易事，但是在公共交通领域，新能源汽车在政府的推动下已经打开了突破口，深圳、北京、上海、武汉等城市都在进行着积极的尝试。

## 51. 巧驾车多省油

许多人对自己开车的燃油消耗总是感到不满意,甚至走同样的线路,油耗也比别人高,对此百思不解。其实,开车省油是有技巧的,如果能做到正确操作、科学驾驶,就会节省不少燃油,不仅能为自己省钱,还能为节能减排做出贡献。

目前,市场上有多种不同标号的汽油,其选择与汽车的油耗以及保养有着密切的联系。汽油标号越高越省油,同时也更有益于车辆的保养。除了选择合适标号的汽油,我们尽量做到以下方法也可以省油:① 经常清理后备厢,尽量减少车载重量;② 保持合理车速,选择合适挡位,尽量不要采用低挡位高转速;③ 采用较低的速度,匀速行驶,边走边热车,避免冷车启动;④ 加油不要太满,以免油溢出,减少怠速时间;⑤ 尽量避免突然变速;⑥ 用黏度最低的润滑油;⑦ 定期更换机油;⑧ 高速驾驶时不要开窗;⑨ 轮胎气压要适当。

PART 3
Ⅲ 绿色低碳生活

## 52. 推广使用新能源

　　未来人类使用的能源将不仅限于煤炭、石油或天然气，而是绿色能源。随着节约型社会建设的推进，被称作绿色能源的太阳能越来越受到人们的欢迎。时至今日，小至太阳能热水器、路灯太阳能板，大至面积广阔的光伏发电站，太阳能的应用已经遍及全国各地，惠及千家万户。最具代表性的是中利科技集团股份有限公司打造的"万农生态光伏"项目，这是新能源领域的重大突破，给广大农民朋友带来了福音。

　　太阳能作为一种清洁能源，其使用和推广必将在减少环境污染的同时，大大提高建筑节能的效果。

## 53. 倡导适度包装

近年来,我国的一些商家为了迎合大众口味,甚至变本加厉地将包装奢侈化,以至于一些商品本身的价值竟然远远不如包装,这也造就出了诸如天价月饼、天价粽子等商品。

过度包装不仅使消费者腰包受损,也造成了极大的资源浪费,许多高成本的精美包装打开后直接被丢弃,还污染周边环境。如果全国每年减少10%的过度包装纸用量,那么可节能约120万吨,减排二氧化碳312万吨。

因此,商品生产企业应该厉行节约,引导健康消费理念;社会舆论则应加强引导,倡导理性消费意识,呼吁低碳生活。

## 54. 购物使用环保袋

近年来，随着大家环保意识的提高，我国拒绝白色污染的呼声日益高涨。全国妇联曾经开展"拒绝白色污染，重拎布袋子"的活动，得到了广大群众的积极响应。各级政府也采取种种措施限制超薄塑料袋的生产，在一定程度上遏制了塑料袋的泛滥。从2008年6月1日起，全国所有超市、商场、集贸市场等场所一律不得免费提供塑料袋。这一系列举措需要我们每一个家庭的响应和配合，并在生活中逐渐养成自带购物容器的习惯。

如果全国减少10%的塑料袋使用量，那么每年可以节能约1.2万吨标准煤，减排二氧化碳3.2万吨。

## 55. 变废为宝

利用身边的废旧物品来满足我们的日常生活需要，是当前最为时尚的一种生活方式。

牛奶盒、饮料瓶、一次性餐具、废纸箱等这些曾被我们认为无用而被忽略的东西，在彩笔、剪刀、胶水、竹签、铁丝的帮助下，就可以变出储物箱、装饰品、玩具等。

还有，将喝过的茶叶晒干做枕头芯，不仅舒适，还能帮助改善睡眠；用废纸壳做烟灰缸，随用随扔，省事且方便。废弃的塑料瓶，可以将其改装成漏斗等。这些毫不起眼的物品经过简易的改造，都可以变废为宝，让我们自己的家变得环保、温馨，又充满实现创意的欢乐。